허브,
내 몸을 살린다

이준숙 지음

모아북스
MOABOOKS

저자 소개

이준숙 _ 이준숙 한국비만뷰티아카데미 원장

국내 최초로 다이어트 코치 양성과정인 "한국다이어트코치협회"를 설립 "다이어트 프로그래머" 자격과정을 덕성여자대학교 평생교육원에서 운영 하였으며, 문화체육관광부에 등록된 한국예술문화치유협회에서 발급하는 "예술비만치유사" 자격증 과정을 주관한 한국문화예술사회교육원 예술비만치유학과 학과장을 역임하였다. MBC TV, 한국경제 TV, 주부생활, 조선일보 행복플러스, 주간조선, 맨즈헬스 등에 방송 출연 및 감수활동을 함. 강의로는 한국 표준협회, 파주시청, 조선대학교, 농협대학, 농수산물유통공사, 농촌진흥원연수원, 금호그룹, 학교, 정부단체, 기업체 300여 곳에서 명강사로 활동 중에 있다. 저서로는 〈의사가 당신에게 알려주지 않는 다이어트 비밀 43가지〉등 다수.

E-mail : milk5030@naver.com   Home Page : www.koreadiet.co.kr

허브, 내 몸을 살린다

1판 1쇄 인쇄 | 2011년 10월 13일
1판 1쇄 발행 | 2011년 10월 18일

지은이 | 이준숙
발행인 | 이용길

발행처 | MOABOOKS 모아북스
관리 | 정 윤
디자인 | 이룸

출판등록번호 | 제 10-1857호
등록일자 | 1999. 11. 15
등록된 곳 | 경기도 고양시 일산구 백석동 1332-1 레이크하임 404호
대표 전화 | 0505-627-9784
팩스 | 031-902-5236
홈페이지 | http://www.moabooks.com
이메일 | moabooks@hanmail.net
ISBN | 978-89-90539-00-7   03570

허브에 건강의 답이 있다

　대한민국은 인구 절반 이상이 도시에서 산다. 이는 우리 사회가 도시 위주로 재편되고 있음을 말해주는 동시에, 오랜 농경사회의 역사 속에서 자연과 근접하고 친밀하게 살아왔던 우리의 생활습관이 급격한 변화를 맞이했다는 사실 또한 말해준다.

　물론 치열한 생존경쟁 속에서 도시 생활이 주는 혜택을 무시할 수는 없는 노릇이다. 하지만 그만큼 잃는 것도 적지 않아졌다는 것도 사실이다.

　바쁜 생활 속에서 정신적이고 육체적인 건강은 물론이거니와 오랜 시간을 들여야만 섭취할 수 있는 풍요롭고 영양가 높은 식사에서도 멀어진 것이다. 그리고 이 같은 식습관의 불균형은 곧바로 다양한 질병으로 이어지고 있다.

반면 숲길을 천천히 걸어갈 때, 꽃이 흐드러진 화원을 지날 때 여러분은 어떤 기분을 느끼는가? 아마도 많은 분들이 마음에 안정과 평화를 되찾고 평온하거나 즐거운 기분으로 바뀔 것이다.

또한 자연이 준 선물로 식탁을 꾸밀 때도 마찬가지다. 간편하지만 인공감미료로 범벅인 식사보다 한 끼의 소박한 자연식이 위안을 주는 것처럼, 자연이 준 음식을 취할 때 우리 몸도 자연스레 건강을 되찾아간다.

이처럼 자연은 우리의 몸과 마음을 건강하게 하는 능력이 있는 만큼 최근 자연을 이용한 다양한 치료법들이 등장하고 있는 것도 자연스러운 추세라 할 만하다. 이 모든 치료법들은 기본적으로 한 가지 이론에 바탕하고 있는데, 바로 인체에는 스스로를 치유하고 보존하는 자가치유력 또는 자연치유력이 있다는 전제이다.

자연치유력이란 본래 우리가 타고난 건강을 유지하는 힘을 뜻하는데, 이 자연치유력은 다양한 환경을 통해 더 강해지거나 약해진다. 이를테면 나쁜 식생활과 자연과 멀어지는 생활습관 등을 고수하면 자연치유력이 극도로 떨어지는 반면, 균형 잡힌 자연식을 하고 체중을 적절히 조절하면 웬만한 병들은 거뜬히 물리칠 수 있을 정도로 자연치유력이 극대화되기도 한다.

이 책은 이 자연치유력과 건강한 영양 상태를 극대화시켜주는 허브의 효능과 허브를 이용한 다양한 치유 효과를 조목조목 짚어 현대인의 식생활과 실생활에 쉽게 응용할 수 있도록 씌어졌다.

우리가 흔히 알고 있는 허브는 몇 종류 되지 않는다. 또한 그 이용법도 차로 마시거나 조리 시 음식에 향미료로 섞는 등 극히 한정적이다.

하지만 허브는 아주 오랜 옛날부터 다양한 형태의 질병 치료와 자연치유력의 증가에 이용되어왔으며, 풍부한 영양소와 자연의 생기를 그대로 보존한 '대자연의 선물'이라고 할 수 있다.

이 책은 바로 이 자연의 선물과도 같은 허브에 대한 가장 핵심적인 내용들을 정리하였다.

- 다양한 허브와 허브테라피에 관심이 있으신 분들
- 다이어트와 미용에 관심이 많으신 분들

- 일상 속에서 건강한 몸 상태를 누리고자 하는 분들

- 질병에 걸리셨거나 그 후유증으로 고생하시는 분들

- 더 행복하고 자연에 가까운 삶을 꿈꾸시는 분들

이 모든 분들에게 이 책이 건강의 길잡이가 되기를 바랍
니다.

이 준 숙

차례
....

1장 현대인들의 맞춤식 건강법 왜 필요한가

1) 현대인들의 식탁에 대한 경고

여러분은 만병의 근원이 어디에 있다고 생각하는가? 어떤 사람은 '스트레스'를 들고, 어떤 이는 유전적 문제를 언급하기도 한다. 운동을 안 해서 질병이 생긴다고 주장할 수도 있을 것이다. 이 모두는 각각 일리가 있다고 할 수 있다. 그러나 질병의 원인은 복잡다난하므로 정확한 규명이 쉽지 않은 것이 사실이다.

하지만 스트레스와 유전적 문제를 넘어 만병의 근원을 찾을 때 동서양을 통틀어 모두가 동의하는 한 가지가 있다. 바로 '먹는 음식이 우리 몸을 만들고 모든 질병의 근원은 음식에서 나온다'는 사실이다.

풍요가 가져온 재앙

못 먹던 시절에는 많이 먹는 것이 복이고 부의 상징이었다. 예전의 보릿고개를 기억해보자. 그때는 풀뿌리까지도 벗겨 먹어야 하는 기근이 일상적이었다. 하지만 차츰 경제 수준이 나아지면서 우리 식탁에는 큰 변화가 일었다.

가장 눈에 띄는 것은 바로 서구의 음식 문화 유입이다. 전후 재건을 계기로 굶주렸던 전쟁 세대들은 자식들에게 더 풍요로운 식탁을 차려주기를 원했고, 이때부터 과거에는 귀한 음식으로 여겨졌던 육류를 위주로 하는 새로운 식습관이 탄생했다. 또한 식생활 문화가 다양해지면서 가공하거나 조미한 식품들, 간식류, 맛을 내는 조미료 등이 앞 다투어 등장했다.

그로부터 약 반 세기가 지난 지금, 그 결과는 어떻게 나타나고 있는가? 현재 우리는 암과 당뇨병, 심혈관질환이라는 무서운 생활습관병으로 우리의 몸은 병들어가고 있다. '풍요로운 식탁'의 꿈이 이제는 '질병의 만연화'라는 처참한 결과를 낳고 있는 것이다.

그렇다면 여러분의 식생활은 어떤가? '과연 당신은 건

강하게 잘 먹고 있습니까? 라고 질문할 때 '그렇다' 고 답할 사람이 과연 몇이나 될까요?

 현대인들은 만성 영양 부족에 시달리고 있다?

현대인들이 만성적인 영양부족에 시달리고 있다. 이는 상대적으로 열량은 높지만 중요한 영양소들은 결핍된 '껍데기 음식' 이 우리 밥상을 침범했기 때문이다.

즉 균형 잡힌 영양을 만족시키는 음식들은 사라지고, 패스트푸드와 인스턴트 음식, 나아가 서양식 육류 위주의 식습관이 일반화되었기 때문이다.

또한 각종 음식물에 투입되는 다량의 첨가제와 무분별하게 사용되고 있는 항생제와 농약 문제도 큰 논란을 일으키고 있다. 이 같은 껍데기 음식은 자명하게 우리 몸에 악영향을 미친다. 다양한 연구들에 의하면 이런 음식들은 무서운 3대 질병인 암과 심혈관 질환, 당뇨 등과도 깊은 연관이 있는 것으로 나타났다.

패스트푸드로 넘쳐나는 우리의 식탁, 무엇이 문제인가?

현대인을 괴롭히는 고지혈증, 고혈당, 고혈압, 지방간, 비만 등은 약만으로 치유될 수 있다고 믿는가. 이 질병들은 과식, 영양 불균형 등 식생활의 문제라는 점에서 '식생활병' 인 동시에 현대병이라고 불리고 있다.

요즘 많은 직장인들은 "밥도 제대로 챙겨먹지 못할 정도로 바쁘다"고 말한다. 언뜻 이해가 안 가겠지만 그만큼 도시의 삶은 고도의 시간 싸움을 요구하기 때문이다.

바쁜 생활 속에서 적절한 식단을 고수한다는 것은 언감생심이며 급하면 그저 전자렌지에 냉동식품을 돌려먹고, 점심은 식당에서 외식을 하며, 퇴근할 때도 외식 또는 배달음식, 라면 등으로 식사를 대신하는 이들이 적지 않다.

그런데 이처럼 가공식품들로 넘쳐나는 식탁은 우리들에게 무엇을 가져올까요? 바로 칼로리 과다로 인한 비만과 영양 불균형을 가져다 준다.

미국 생명보험 회사들은 보험료를 책정할 때 비만을 암, 고혈압, 당뇨병, 간 질환만큼이나 위험하게 바라보고 비만 환자는 보험료를 올려 받고 있다. 비만 환자는 정상인보다 당뇨병과 고지혈증, 고혈압, 관상동맥질환, 대장암, 자궁내

막염 등 암 및 관절 질환의 발병률이 훨씬 높다는 것이다.

실제로 한 연구에 의하면 체질량 지수(체중(kg)/키(m)의 제곱)가 25를 넘으면 남녀 모두에서 체질량 지수에 비례해 사망률이 증가한다고 한다. 예컨대 체질량 지수가 35를 넘으면 당뇨병 사망률이 8배나 증가하고 암 사망률은 1.5배 정도 늘어난다는 것이다.

 가공식품과 고칼로리 음식은 비만을 초래한다

현대인들의 비만과 질병을 초래하는 큰 원인 중에 하나가 가공식품 등의 고칼로리 저영양소 음식이라는 점에는 이의가 없다.

한 예로 미국의 상류층과 서민들의 비만 발생률은 천차만별이다. 여유가 있는 상류층들의 경우 불편을 감수하면서도 충분한 야채나 발효음식 그리고 어류 등을 섭취한다. 반면 서민층들은 손이 많이 갈 필요가 없는 쨈, 우유, 달걀류를 주식으로 먹고, 스프도 야채의 양은 많지 않다. 또한 빨리 먹을 수 있는 햄버거와 콜라 등의 패스트푸드가 널리 퍼져 있다.

결국 고기와 정제된 탄수화물, 당류가 주축이 된 식문화가 비만을 유발하고, 경제적 수준이 낮을수록 이런 식문화 경향이 짙어지면서 비만률 또한 높아지는 것이다.

우리의 아침 식단은 안전한가?

또 하나, 우리는 아침식사에도 주목해야 한다. 건강한 아침식사는 비만과 질병을 막는 건강의 축대이기 때문이다. 우리 몸을 구성하는 100조 개의 세포는 제 기능을 하기 위해 무려 114가지의 영양소를 필요로 하기 때문이다. 이때 아침에 새로운 영양소가 제대로 보충되어야만 건강한 세포를 유지할 수 있다.

하지만 문제는 우리나라 사람들 중에 많은 이가 아침을 굶고 있다는 점이다. 연령별 아침식사 결식 상태를 조사한 바에 따르면 한창 에너지가 필요한 19~29세가 가장 결식이 심한 것으로 알려졌고, 성장기 어린이들의 아침 결식 상태도 심각한 것으로 알려지고 있다.

아침을 하면 좋은 이유들은 다양하지만 1차적으로는 몸의 신진대사를 빠르게 시작할 수 있을 뿐 아니라 하루의 기분과 집중력을 향상시키고, 나아가 하루 동안 식욕을 조절해 체중 관리에도 큰 도움이 되기 때문이다. 즉 건강과 활력을 얻고 건강한 삶을 꿈꾼다면 아침식사는 잊지 말아야 할 중요한 건강관리인 것이다.

그렇다면 건강하고 이상적인 아침식사의 조건은 무엇일까? 일단 아침식사를 먹지 않으면 어떤 현상이 나타나는지부터 알아보자.

아침을 굶게 되면 우리 몸은 혈당이 하강하게 되는데 이로 인한 배고픔을 잊기 위해 단 음식을 찾게 된다. 그런데 이렇게 단 음식을 섭취하면 또다시 인슐린이 분비되어 혈당이 떨어지면서 공복감이 더 커지고 이것이 과식으로 이어진다.

또한 아침을 먹는다고 해도 고탄수화물 식사는 좋지 않다. 흔히 먹는 흰쌀밥과 흰빵, 설탕 등의 비율이 높은 아침식사는 혈당의 급격한 상승과 하강을 초래해 계속해서 탄수화물을 찾도록 만들기 때문이다.

결국 이상적인 아침식사는 단백질이 풍부하고 탄수화물 의존도가 낮은 식사를 해야 한다. 이처럼 단백질이 풍부한 식사를 하게 되면 혈당이나 인슐린 수치가 안정되고 체내

에 필수 영양소와 에너지를 공급해 체내에 저장된 지방의
이용률이 높아지게 된다.

여기서 잠깐 아침식사 왜 필요한가

● 하루 동안의 에너지 섭취량을 충족 한다.

  - 우리는 아침 식사를 통해 하루의 에너지를 얻어서 저녁
까지 이를 소모하게 된다. 만일 오전에 공복일 경우 뇌의 식
욕중추가 계속 긴장해 자주 허기를 느낄 수 있다.

● 두뇌활동의 활성화를 돕는다

  - 아침식사는 두뇌 움직임에 필요한 에너지를 공급함으로
써 기억력과 논리적 사고에 도움을 준다. 수험생일수록 아침
식사를 거르지 말아야 하는 이유가 여기에 있다.

● 체중과 식사 조절에 도움이 된다.

  - 든든한 아침식사는 충분한 에너지를 저장함으로써 점심
때 과식하는 것을 방지해준다.

● 육체 활성화와 운동량 증가를 도와준다.

- 충분한 에너지를 아침식사 때 얻으면 그로 인해 육체 활동량이 증가함으로써 자연스레 체내 지방의 소비를 도와주어 영양 밸런스에 도움이 된다.

2) 무너진 식생활 만병을 부른다

최근 한 통계에 의하면 매년 세계적으로 약 600만 명의 새로운 암 환자가 발생한다고 한다. 우리나라는 물론 이웃 나라 일본, 그 외에도 많은 나라들의 사망 원인 1위가 암이며, 대체적으로 3명 중에 1명은 암으로 세상을 떠나고 있다. 뿐만 아니라 평생을 위험 속에서 살아가야 하는 당뇨병, 고혈압, 뇌졸중 등은 물론 사망의 잠재적 원인이 되는 다양한 질환들도 우리의 건강을 괴롭히고 있다.

질병은 복합적 원인들이 결합되어 나타나는 증상이다

그런데 문제는 우리가 이 질병의 원인을 잘못 인식하고

있다는 점이다. 혹시 질병에 걸린 것을 '운이 나빠서' 라고 생각하는가?

많은 이들이 심각한 병에 걸리면 '운수가 좋지 않다' 고 불평한다. 실로 암이나 여타 난치병환자들에게 나타나는 한 가지 공통점이 있는데, 누구도 자신이 그 병에 걸릴 것이라고 믿지 않았다는 점이다. 이는 우리가 질병이란 지난 세월 동안 유지해온 식습관과 생활습관의 '결과' 라는 사실에 주목하지 않고 있음을 보여준다. 즉 질병이란 운수 때문이 아니라 복합적인 원인들이 결합되어 나타나는 지당한 결과인 것이다.

한 예로 무절제한 식습관과 스트레스로 인한 폭식 등은 피를 탁하게 만든다. 그리고 이 같은 피의 오염은 세포를 망가뜨리는 동시에 고지혈증과 비만 등을 불러오고, 이것이 장기화 되면 심장질환, 암과 같은 중한 병들을 불러온다. 다시 말해 올바른 식습관과 균형 잡힌 영양 섭취, 적절한 체중 조절, 긍정적인 생각만이 건강한 삶을 꾸리기 위한 유일한 대책이 되는 것이다.

현대인의 질병은 의사가 치료할 수 없다

그렇다면 우리가 무절제하고 불균형한 식탁을 유지하며 질병을 방치하는 이유는 무엇일까? 바로 병원에만 가면, 치료만 성실히 하면 병이 나을 수 있다고 믿기 때문이나.

하지만 이 같은 병원 맹신주의는 또 하나의 잘못된 행동 방식을 초래할 수밖에 없다. 지금 당장 무리한 생활방식을 고수하더라도 병원에서 치료만 받으면 얼마든지 다시 회복될 수 있다는 위험한 생각을 가지게 되는 것이다. 하지만 몸이 돌이킬 수 없게 망가지고 나서야 병원을 찾게 되면, 그제야 다들 한 가지 사실을 깨닫게 된다. 아무리 최첨단 병원 치료를 받는다 한들 한번 망가진 몸을 회복하려면 엄청난 노력과 시간이 필요하다는 사실이다.

최근 많은 예방의학자들이 병원을 '필요악'이라고 언급하는 것도 이런 이유에서다.

병원은 병든 사람들을 위한 곳인 만큼 건강한 삶이란 결국 '병원을 가지 않아도 되는 삶'이며, 질병은 발생하기 전에 예방이 가장 중요하다.

병원의 이 같은 모순은 의사들과의 진료에서도 고스란히 드러난다. 선진국 병원의 경우 평균 진료 시간이 5분 이

하라는 통계는 일반적으로 의사의 진단이 기계적으로 이루어지고 있음을 반증한다. 질병이란 결국 지난 세월 동안 가져온 선천적인 기질 문제, 유전적 문제 같은 내부 원인과 잘못된 생활습관과 식습관 같은 외부의 악조건들이 결합되어 발생되는 결과이다.

그렇다면 이런 질병들은 기계적 진단으로는 그 원인을 쉽사리 규명할 수 없을뿐더러, 환자마다 제각각 달라야 할 치료 과정도 세밀하게 계획할 수 없을 것이다. 이를테면 같은 병이라고 해도 그것이 스트레스가 주 원인인지, 식습관이 주 원인인지, 주변 환경의 문제인지, 또 그 밖의 다른 원인들이 결합되어 있는지를 면밀히 검토해야만 적합한 치료가 가능할 것이다.

하지만 우리의 현실은 어떤가? 병원에 들어서서 진료 신청을 하고 오랜 시간을 기다려 의사를 만난다. 그러나 의사가 환자를 면담하는 시간은 5분 이내가 고작이다. 과연 이 안에서 어떤 현명한 치료를 기대할 수 있겠는가?

나 자신 이젠 의사가 되어야 한다

이 같은 현대 병원 시스템 문제에서 벗어나려면 길은 하나다. 병이 나기 전에 자신의 몸을 돌보고, 나아가 자신의 질병 원인을 파악해 신속히 제거하려는 나 자신의 노력이 있어야 한다. 내 몸에 대해 가장 잘 아는 것은 결국 나이고, 의사는 어디까지나 전문적인 소견을 통해 그에 대한 규명을 내려주는 사람이기 때문이다.

여기서 잠깐 먹는 음식이 최고의 명약이다

최근 웰빙 바람이 '잘 먹고 건강하게 먹기' 중심으로 이루어지고 있는 현상도 이런 문제의식에서 출발한다. '음식으로 고치지 못하는 병은 약으로도 고칠 수 없다'는 의학의 아버지 히포크라테스의 말처럼, 오늘 내가 먹는 음식이 내일의 건강을 좌우한다는 인식이 일반적이다.

최근 웰빙 바람이 거세다. 스스로 건강을 지켜내기 위해 많은 이들이 운동을 하고 채식을 택하고 건강기능식품을 섭취한다. 엄밀히 말해 이 같은 사회적 움직임 또한 '내 건강을 지키고 질병을 치료할 수 있는 사람은 '자신' 뿐이라는 맥락에서 설명이 가능하다.

그렇다면 과연 질병은 어디에서 오는 것이며, 어떤 방식으로 예방할 수 있을까? 그 궁금증을 찾아보자.

3) 영양을 빼고서 건강을 논하지 말라

건강하다는 것에 대한 정의는 다 다르지만, 한 가지 중요한 사실은 껍데기 건강과 진짜 건강이 있다는 점을 알아야 한다.

앞서 우리는 음식이 육체의 건강을 결정한다는 것을 살펴보았다. 만일 체내에 영양소가 균형 잡히게 공급되지 않으면 몸은 더 비대해져도 생화학적인 불균형이 발생해 이것이 혈액과 장기는 물론이거니와 유전자에까지 영향을 미친다.

이런 면에서 질병은 유전자 문제일 수도 있는데, 환경에 민감한 유전자가 유해한 환경에 적절히 대처하지 못하면 그것이 질병으로 진화하는 것이다. 반대로 환경이 좋다면 질병의 저항력이 높아져 건강한 유전자가 유지되게 된다.

다시 말해 진짜 건강이란 주변 환경과 타고난 유전자의 적응력을 잘 결합시켜 그 힘을 그 자신은 물론 후세까지 물려주는 것이 좋다.

유익한 영양소를 섭취하라

그런데 문제는 현대를 마이너스 환경 시대라고 부르는 것에서도 알 수 있듯이 너무 많은 유해 환경이 우리를 공격하고 있다는 점이다. 우리가 섭취하는 식품들은 크게 두 가지로 나뉜다. 하나는 '유익한' 물질, 하나는 '유해한' 물질이다.

유익한 물질	유해한 물질
기본적 생명 유지와 건강에 필수적인 물질들(양질의 단백질, 비타민, 미네랄, 지방, 단백질 등등)	질병을 유발하는 유독성 물질들(식품첨가물, 환경호르몬, 농약, 항생제, 중금속 등등)

이 같은 유익 물질과 유해 물질은 우리 몸에 좋거나 나쁜

영향을 미친다. 한 예로 모든 종류의 암 발생의 4분의 3은 과도한 발암물질의 섭취나 노화작용 등으로 인한 활성산소의 증가로 인한 세포 파괴로 인해 발생한다는 연구 결과도 있다.

즉 건강한 섭식이란 이중에 우리 몸에 반드시 필요한 단백질, 탄수화물, 미네랄, 비타민 등을 충분히 섭취하고, 반대로 몸에 해로운 물질은 줄여가는 일이며, 동시에 유해 환경과 부적절한 음식 섭취로 인해 부족해질 수 있는 비타민과 미네랄, 단백질 등의 주요 영양소를 충분히 보충해주는 것이 건강의 비결이다.

세포 영양과 단백질에 주목해야 한다

많은 이들이 건강에 대해 추상적으로 생각하기 쉽지만, 내 몸의 영양 공급의 최소 단위는 우리 몸의 최소 단위인 세포로부터 시작한다. 세포란 우리 몸을 구성하는 가장 작은 구성원으로서 두뇌 활동과 신체의 모든 활동에 에너지를 제공한다. 따라서 이 세포에 영양소가 잘 전달되어야 건강을 유지할 수 있는 것이다.

한 예로 최근 인류는 세포 필수 영양소에서 과도한 결핍

증상을 겪고 있다고 한다. 잡식성인 인체의 세포는 낮은 칼로리와 식물성 영양소와 생리활성물질과 건강한 단백질이 충분해야만 최상의 상태를 유지할 수 있다. 그러나 영양 균형이 불균형한 현대인의 식사로서는 이 같은 세포의 긴강을 보호할 수 없다는 것이 최근의 문제로 도출되고 있다.

이중에서도 특히 단백질은 세포의 성장과 회복에 가장 지대한 영향을 미치는 영양 구성 성분으로서 근육량을 증가시켜 신체 대사 에너지를 높임으로서 비만을 방지하고, 신체 능력을 향상시키는 중요한 물질이다. 그렇다면 단백질의 기능은 무엇인지 알아보자.

· 에너지, 포도당, 지질을 합성시킨다.
· 효소와 호르몬, 항체를 생성한다.
· 근육과 골격 등 신체 조직을 구성한다.
· 체내 필수 영양소와 활성물질을 운반하고 저장한다.
· 체액과 산 염기 균형을 유지시킨다.

즉 나날의 식사로 충분한 영양소를 섭취하기 어렵다면 세포의 영양 섭취를 극대화시키는 다양한 방법은 단백질과 식물성 영양소인 기능성식품을 섭취하는 것이 큰 도움이 될 수 있다.

수분과 전해질을 섭취해야 한다

앞선 대표적인 단백질과 세포 영양소들 외에도 반드시 잊지 말아야 할 영양소가 있다. 바로 우리가 일상적으로 마시는 수분과 일명 미량 영양소라고 불리는 전해질이다. 수분은 우리 몸의 65%를 차지하는 물질로서 체온을 조절하고, 신진대사를 촉진하며, 노폐물을 배설하고 영양소의 소화와 흡수를 돕는다.

나아가 전해질은 운동이나 노폐물 배출 시에 이 수분과 함께 빠져나가는 성분으로서 나트륨, 칼륨, 마그네슘, 칼슘 등을 포함하고 있다. 이 미량 영양소들은 세포의 대사과정을 활발히 해줌으로써 만일 부족해지게 되면 쉽게 피로하고 다양한 질병이 발생할 수 있다.

이외에도 대장의 운동에 영양을 미치는 섬유질은 물론 후라보노이드, 코엔자임 등 우리의 건강에 유익한 미량 영양소들이 존재하며, 아직 정확히 밝혀지지 않은 다른 영양소들까지 생각하면 미량 영양소의 세계는 말 그대로 무한

하다고 볼 수 있다.

　그런데 이 영양소들에게는 한 가지 단점이 있다. 음식들에 포함된 양이 많지 않아서 특히 음식을 조절해야 하는 단계에서 이 영양소들을 골고루 섭취하기가 어렵다는 점이다. 이 때문에 다이어트나 식사 조절 시에는 미량 영양소가 풍부하게 포함된 식품을 적절히 섭취하는 것이 중요하다.

　그렇다면 미량 영양소가 풍부하다고 널리 알려진 허브에 대해 알아봅시다.

여기서 잠깐 미량 영양소가 풍부한 허브

　다양한 미량 영양소가 골고루 포함된 식품 중에 하나가 허브이다. 허브는 일반 채소보다 독특한 향과 영양소를 가진 식물로서 높은 영양 가치와 약리작용을 통해 오랫동안 중요한 약리 식물로 그 역할을 다해왔다.

　실로 허브가 주목받기 시작한 것은 최근 허브에 각종 미량 영양소가 풍부하게 함유된 대표적인 음식이라는 사실이 과학적으로 입증되었기 때문이다. 우리가 흔히 먹었던 전통 허브, 외래종 허브 모두가 각종 미네랄과 비타민, 독특한 영양소들로 인체의 영양결핍을 메워주고 일정한 약리효과를 통해 건강 증진에 도움을 주고 있기 때문이다.

2장   세계인들은 왜 허브 건강법에 주목하는가

1) 현대인이 주목하는 허브란 무엇인가?

세계적으로 허브 건강법이 주목 받고 있는 최근의 추세는 건강에 대한 새로운 개념의 변화를 말해주고 있다. 허브는 '푸른 풀' 을 의미하는 라틴어 '허바(Herba)' 에 어원을 두고 있는데 고대국가에서는 향과 약초를 의미했으며, 기원전 4세기경 그리스 학자 테오프라스토스가 식물을 교목 관목 초본으로 나누면서 허브라는 말이 사용되었다고 한다.

현대에는 '꽃과 종자, 줄기, 잎, 뿌리 등이 약, 요리, 향료, 살균, 살충 등에 사용되는 인간에게 유용한 모든 초본 식물' 을 허브라 칭하는데, 각각의 알파벳 첫 머리를 따서 Health(건강), Eatable(식용), Refresh(신선함), Beauty(미용)의 복합어로 이해하기도 한다.

허브의 치유 효과는 어떻게 입증되었는가

허브가 인간의 생활에 도입되기까지는 긴 역사가 있었다. 인간은 오래 전부터 풀과 열매를 식량이나 치료약 등에 다양하게 이용하여 왔는데, 점차 생활의 지혜 속에서 유용하고 특별한 식물을 구별하여 사용하기 시작했고, 이것이 바로 허브인 것이다.

이 허브를 이용한 치료는 아주 오랜 역사를 가지고 있으며, 나아가 최근 허브 열풍도 일상 속 건강 유지라는 예방적 측면에서 바라볼 수 있다. 허브를 통해 부족한 영양소를 공급하고 적절한 약리작용을 기대함으로써 허브를 하나의 건강한 활력소로 이용하고 있는 것이다.

여기서 잠깐 오랜 역사를 가진 허브 치료의 기원

허브는 예로부터 진통·진정 등의 치료뿐만 아니라 방부나 살충을 위한 약초로서 중요한 역할을 해왔다. 메소포타미아에서 출토된 점토판과 고대 이집트의 파피루스에도 허브를 질병 치료에 사용했다는 흔적이 남아 있다.

또한 고대 로마 학자 디오스코리데스가 BC 1세기에 쓴 『약물지(藥物誌)』에도 600여 종의 허브가 등록되어 있고, 히포크라테스의 저서에는 400여 종의 약초가 기록되어 있다.

허브의 약리작용

허브의 종류는 사실상 수백 가지가 넘는다. 그중에 대표적인 것들이 라벤더, 레몬그라스, 로즈마리 등인데, 이 허브들의 오일은 화장품이나 향료뿐만 아니라 약으로도 사용된다. 허브 오일이 가진 효능으로는 두통 치료, 신경안정 등이 있고, 도한 진정 작용, 경련 예방, 저혈압, 소화 기능 강화, 빈혈 치료에도 이용되고 있다.

실제로 유럽에서는 레몬밤이라는 허브가 뇌 활동을 높인다는 점에 착안해 학생들에게 기억력을 증진시키고 우울증 해소를 위한 일환으로 레몬밤을 음료로 음용하고 있다.

또한 이 레몬밤은 노화를 방지하고 기억력을 촉진하며, 심장 순환계, 소화 호흡기에도 좋은 영향을 미치고 있다. 뿐만 아니라 로즈마리는 물에 첨가해 목욕을 하면 피부를 곱게 가꾸어주고 근육 긴장에 도움을 주며, 뇌를 자극하여 기억력을 촉진시켜주는 효과가 있다.

페퍼민트의 경우는 특히 여러 나라에서 효능이 입증되어 약전에까지 등록되어 있는 약초로서, 두통, 히스테리, 신경통, 위장병, 콜레라, 산욕열, 치통에 효과가 있고, 항염, 진통, 발한제와 방부제로도 사용된다. 감기나 위장병에 좋다고 해서 약으로 달여서 마시기도 하고, 차로 마시면 감기 예방에도 좋다고 한다.

뿐만 아니라 허브는 우리나라에도 있다. 현재 많은 이들이 허브라고 하면 외국 식물을 떠올리지만, 이미 수천 년 전부터 우리 조상들도 생활 전반에 걸쳐 허브를 이용해왔다. 우리가 흔히 먹던 쑥, 냉이, 곰취, 씀바귀, 마늘, 파, 고추 등은 물론, 창포, 한방의 처방전에 포함된 익모초, 결명자 등도 허브의 일종이다. 또한 최근에는 독특한 향기와 영양 가치를 지닌 보다 다양한 식물들과 열매들이 허브의 범주로 확산되고 있다.

허브를 통한 다양한 치료의 발견

질병은 크게 두 가지 타입으로 나눌 수 있다. 하나는 체외에서 세균과 바이러스 등이 침입해 발생하는 질병이고, 다른 하나는 오랫동안 생활습관으로 인해 체내의 세포가 변질되거나 내장과 신경 등의 기능이 손상되어 발생하는 질병이다

현대의학이 맞서 싸울 수 있는 병은 첫 번째, 이물질의 침입으로 발생한 질병에 항생물질 등을 사용해 바이러스를 퇴치하는 것뿐이다.

예를 들어 현대의학은 혈관에 지방이 쌓여서 막혀버리는 동맥경화증을 약이나 혈관 성형 수술로 치료한다. 하지만 수술을 통해 일시적으로는 혈관 막힘을 방지했다 해도, 육류와 기름진 음식을 계속해서 먹게 될 경우 언젠가 다른 혈관이 또다시 막혀버리게 된다.

즉 생활습관을 교정하고 식생활을 개선하지 않는 한 이 질병은 결코 치료되지 않을 수 있다.

반면 현대의학에서 치료할 수 없는 병을 완치하는 대체의학은 우리 몸의 자연치유력을 극대화시켜 화학적 치료나 장기를 손상시키는 절제술 없이도 질병을 치료하고 있다. 일례로 같은 동맥경화증이라도 음식과 다양한 요법들을 통해 자연치유력을 북돋는 형식으로 치료한다. 그리고 이중에 허브 또한 영양요법이나 아로마테라피 등에서 주요한

대체치료제로서 사용됨으로써 그 가치를 인정받고 있다.

2) 허브, 노화를 방지하고 젊음을 되찾아준다

허브의 치료효과는 민간요법으로도 널리 알려져 있지만 과학적으로 증명된 데이터들도 있다. 흔하게 들판에 자란 다고 해서 약의 효능이 적을 것이라고 생각해서는 안 된다 는 의미이다.

실로 허브를 치료제의 일부로 이용하는 경우가 적지 않 은데, 독일과 스위스의 경우 약국에서는 그 지방의 허브들 을 상품으로 배치해놓는다고 한다. 그렇다면 이처럼 세계 적으로 각광받고 있는 허브가 중요한 약재로서의 가치는 어디서 오고, 각각의 허브들은 어떤 치료 효과를 가지는지 알아봅시다.

노화와 허브의 연관관계

인간의 수명과 질병에 관련해 가장 주목 받고 있는 주제 중에 하나가 바로 노화이다. 예로부터 '세월 이기는 장사 없다' 는 말이 있다. 즉 나이가 들면 자연스레 몸이 아프고 질병에 걸린다는 뜻이다. 하지만 이 노화는 어쩔 수 없는 숙명만은 아니다.

최근 발표된 노화 메커니즘 연구에 따르면 노화작용을 방지하는 음식들을 적절히 섭취하면 노화를 최대한 방지하고 늦출 수 있다고 한다.

우리 몸에 노화가 발생하는 것은 다양한 이유가 있지만 그중에 가장 큰 이유는 불균형한 식사로 인한 주요 영양소의 부족과 유해물질 섭취로 인한 활성산소의 증가이기 때문이다.

인간의 몸은 하나의 화학 유기물로서 무수한 화학반응이 일어나는데, 활성산소란 이 화학반응에서 생겨나는 유독 찌꺼기로서 다량 발생하면 세포를 파괴하고 몸을 산화시켜 노화를 가져온다.

이때 이 활성산소를 제거해주는 항산화 물질을 꾸준히 섭취하면 질병과 노화로부터 일종의 안전망을 구축하게 된다.

활성산소는 인체 노화의 주범이라고 불리는 유해산소로서 몸을 녹슬게 만들어 질병과 노화의 원인이 된다.

이 활성산소는 공기 중 또는 음식물 등에 포함된 유해물질은 물론, 과격한 운동과 과식, 나아가 호흡을 하는 것만으로도 발생한다.

하지만 고맙게도 우리 몸에는 이런 활성화산소를 해독해 주는 항산화효소 SOD가 있다. SOD는 이 활성산소를 파괴해 세포의 수명을 연장시키는 역할을 하는 유익한 물질이며, 이 항산화효소 물질이 충분히 만들어지는 동안에는 우리 몸은 건강할 수 있다.

하지만 잘못된 식습관과 노화에 따라 이 항산화효소 물질의 생성 능력도 저하되게 되는데 이럴 경우 활성산소에 대한 억제력이 약해지게 된다.

또 한 가지 문제는 SOD는 중년 이후부터 분비량이 급격히 줄어들게 된다는 점이다. 따라서 중년 이후 지나친 활성산소의 발생은 이미 줄어들고 있는 항산화효소의 양을 더 줄게 만들고 활성산소의 양을 늘려 동맥경화, 심근경색, 당뇨 등을 불러오는 만큼, 이 항산화효소가 풍부히 몸에 저장될 수 있도록 평소의 식사 때 단백질과 미네랄, 효소가 풍부한 음식을 충분히 섭취해야 한다.

항산화 기능이 뛰어난 바이오 후라보노이드

허브에 포함된 성분들은 비타민과 미네랄, 섬유질 등 다양하지만 그중에서 가장 눈에 띄는 것이 바이오 후라보노이드라는 성분이다. 바이오 후라보노이드란 동물성 식품에는 들어 있지 않은 식물성 영양소와 색소 모두를 일컫는 말이다.

예를 들어 붉은색 채소인 토마토에 들어 있는 리코펜과 노란색 채소인 당근에 많이 포함되어 있는 카로틴도 바이오 후라보노이드의 일종이다.

또한 녹차의 엽록소에도 바이오 후라보이드 성분이 풍부하게 함유되어 있다.

이 바이오 후라보노이드 성분은 지난 오랜 세월 동안 큰 주목을 받지 못했지만, 최근 활성산소를 제거하고 신체 대사력을 높여주여 강력한 항산화 작용을 한다는 사실이 발견되었다.

나아가 허브는 이 바이오 후라보노이드의 함유 비용이 굉장히 높아서 매일 매일 허브 차를 한 잔씩 마심으로 신체 활력을 증가시키고 노화를 방지할 수 있다.

여기서 잠깐 놀라운 식물 영양소 바이오 후라보노이드

바이오 후라보노이드가 처음으로 치료에 사용된 것은 1936년으로서 모세혈관 강화를 위해서였다. 이후 1950년에 명칭을 비타민P에서 바이오후라보노이드라고 변경했으며, 그 종류로는 루틴, 헤스페리딘, 시트린이 있다.

이 물질의 대표적인 효능은 비타민 C의 산화를 막아 그 작용을 증강시키는 것이다. 즉 모세혈관을 튼튼히 하고, 고혈압, 동맥경화증, 궤양, 동상, 습진, 건선, 방사선병, 관상동맥 혈전증, 잇몸출혈, 치질 등에 유효하며, 감염증에 대한 저항력을 높여준다고 알려져 있다.

백내장을 막아주는 바이오 후라보노이드

특히 이 후라보노이드는 당뇨병이나 백내장 환자에게 투여하면 좋은 효과를 볼 수 있는데 미국의 알트 슐 박사에 의하면 당질과 지방의 과다섭취, 노화에 의한 백내장의 경우 후라보노이드를 투입하면 좋은 효과를 볼 수 있다고 한다.

백내장은 안구의 수정체에 알도스 환원효소가 과다 축적되어 나타나는데, 후라보노이드가 이 환원효소의 작용을 억제한다는 것이다.

나아가 바이오 후라보노이드는 우리 몸의 모세혈관에 작용해 그 내구성을 높여주며, 현재 미국에서는 많은 의사들이 임상을 통해 이 효과를 확인한 바 있다.

3) 건강을 위해서 허브를 알아야 한다

건강은 현대인에게 미룰 수 없는 화두다. 한 통계에 의하면 현재 미국에서는 연간 400억 달러에 달하는 금액이 체중 감량을 위해 사용된다고 한다.

또한 과식과 비만의 결과로 생겨난 다양한 질병들에도 엄청난 예산이 사용되고 있다고 한다.

실로 과체중과 비만은 심혈관 질환, 당뇨 등 다양한 질환의 잠재 원인이 되며, 이로 인해 많은 이들이 허브를 통해 건강을 찾고 있다.

허브는 다이어트를 도와 준다

이제는 우리도 건강을 위해 다이어트를 해야 한다고 알고 있다. 건강의 첫째 조건은 체중조절과 비만을 해결하는 일이라고 할 수 있다.

최근 우리 주변에서 논란이 된 다이어트 약의 경우를 보자. 잦은 설사나 구역감 같은 가벼운 증상부터 갑작스럽게 환영을 보는 공황장애 등이 부작용으로 나타나는가 하면, 심지어 다이어트 약 복용에 목숨을 걸고 있다. 미국 통계로는 특정 다이어트 약을 7개월 이상 복용했던 환자들 가운데 심장 판막에 손상이 일어난 비율이 33%에 달했다고 한다.

이 같은 현상이 일어나는 건 외모지상주의 같은 외부적 현상도 한몫 하지만, 다이어트에 대한 이해 부족과 성급한 살빼기에 치중하는 조급함이 원인이라고 볼 수 있다.

다이어트는 비만의 원인인 체지방의 축적을 막고 적절한 운동을 병행하면서 건강을 되찾아가는 여정이며, 따라서 꾸준히 이루어져야 한다. 그럼에도 화학약제를 동원해 단시간 내에 살을 빼겠다는 것은 자연적인 신체 균형 조절 능력을 대가로 일시적인 체중감량을 얻겠다는 불공정한 게임과 다르지 않다.

허브는 해독을 도와준다

다이어트는 무조건 굶거나 약을 먹는다고 해결되지 않는다. 무리한 다이어트의 경우 얼마 안 가 본래 체중으로 돌아와 버리는 일명 요요현상이 발생하는데, 체중 조절에 성공한 10명 중에 반 이상이 요요현상을 겪는다고 한다.

즉 다이어트는 지속성이 중요한데, 그러기 위해서는 다음의 세 가지를 잊지 말아야 한다.

<u>첫째는 지속적으로 스트레스를 받지 않고 식사를 조절할 수 있는 식습관 개선, 둘째는 적당한 운동, 셋째는 그간 몸에 쌓인 노폐물을 제거함으로써 몸의 대사 상태를 활발히 해주는 해독이다.</u>

이 삼박자가 잘 들어맞아야 다이어트에 흔히 나타나는

요요현상을 줄이고 비단 미용뿐만 아니라 건강까지 되찾는 1등급 다이어트가 가능하다.

허브는 영양 밸런스를 맞춰준다

허브는 노화를 방지하는 항산화 성분은 물론이거니와 몸의 대사를 활발히 해주는 다양한 약리 효과를 가진 신비의 식물이다. 이 성분들은 다이어트 시 부족해지기 쉬운 다양한 필요 영양소를 보충해줌으로써 영양 결핍으로 인한 대사 장애를 막아준다. 나아가 이 허브에는 식물의 주요 구성원인 섬유소가 풍부하게 함유되어 있다.

인체는 하루에도 수없는 음식물을 섭취한다. 이때 장내에 섬유질이 충분하지 않으면 장내에 유독 물질이 배출되지 않고 쌓여 부패를 일으킨다. 이때 섬유질은 이 유독물질을 장 밖으로 배출하고 몸의 대사순환을 도와 지방 축적을 막고 지방 연소에 도움을 준다.

또한 장내를 청소하고 나쁜 콜레스테롤을 체외로 배출시키는 기능을 하며, 다양한 야채와 허브 등에 함유되어 있다.

몸속까지 아름다워지는 다이어트
'굶지 말고 마시자!'

남자친구와의 바캉스를 일주일 앞두고 서 씨는 앓아누워야 했다. 한 달 전부터 무리한 다이어트에 돌입한 탓에 머리가 어지럽고 온 몸에 힘이 없는 증상이 계속돼 결국 병원신세를 지게 된 것이다.

서 씨처럼 여름휴가를 앞두고 단기간에 살을 빼려는 사람들 중 일부는 무작정 굶는 방법으로 떠나기도 전에 부작용을 경험하는 사례가 속출하고 있다. 전문가들은 진짜 건강한 다이어트를 위해서는 영양적으로 균형 잡힌 식단을 섭취하는 것이 무엇보다 중요하다고 입을 모은다. 굶기와 같은 극단적인 방법보다는 몸 속 노폐물을 효율적으로 배출해 몸 속까지 아름다워지는 '이너뷰티(inner beauty)'가 바람직하다 .

요즘처럼 무더운 날에는 수시로 차를 마시면서 수분보충과 함께 몸매 관리를 하는 것도 현명한 방법이다. 마테차, 펜넬, 로즈힙차 등 허브차는 비타민과 식이섬유가 풍부해 마시는 것만으로 몸 속 노폐물을 손쉽게 배출해줘 비만 관리에 효과적이다.

그중에서도 최근 각광받고 있는 차가 바로 로즈힙 (Rosehip)

이다. 로즈힙은 천혜의 자연환경인 안데스 산맥에서 자생하는 들장미의 열매이다. 붉은빛을 띠는 이 작은 열매는 레몬의 60배에 달하는 비타민 C를 함유하고 있어 '비타민 폭탄'이라는 별칭을 갖고 있다.

이 로즈힙을 우려낸 로즈힙차는 신진대사를 촉진해 기초대사량을 증가시켜 신체의 체지방을 효과적으로 분해할 수 있도록 도와준다. 또 펙틴과 같은 식이섬유가 풍부해 변비에 좋고, 이뇨작용이 탁월해 부종으로 인한 비만에 효과적인 것으로 알려졌다. 물 1리터에 로즈힙을 우려내 평소에 운동하면서, 식사 후 자주 물처럼 마시면 된다.

로즈힙은 음식에도 다양하게 쓰여 영양소를 높이는 역할을 한다. 실제 얼마 전 강남 압구정에서 열린 '로즈힙 푸드 페스티벌'에서 이영원 요리전문가는 다양한 로즈힙 활용법을 소개해 참가자들의 눈길을 사로잡았다.

천연 로즈힙 열매와 씨를 간 로즈힙 분말가루 역시 녹차나 백년초 가루처럼 어떤 음식에도 응용할 수 있다. 실제 독일, 프랑스 등지에서는 빵이나 잼, 음료 등에 로즈힙 분말가루를 넣어 맛은 물론 영양소까지 풍부한 디저트를 즐긴다. 최근에는 국내에서도 관절에 좋은 기능성 식품으로 식약청 인정을 받는 등 로즈힙 분말가루의 효능이 새롭게 주목받고 있다.

「비즈플레이스」2011-08-09

3장 놀라운 허브 건강법의 비밀

1) 암에도 작용하는 아로마테라피

　암은 세계적으로 가장 무서운 질병으로 손꼽히며, 우리나라에서도 사망 원인 1위를 차지하고 있다. 그런데 여기서 한 가지 돌이켜봐야 할 점이 있다.

　현대의학이 신기원을 이뤘다고 평가되는 지금에도 암이 정복되지 않았다는 사실은 지금까지의 치료법을 다시 한 번 제고해봐야 한다는 것을 말해주는 것이 아닐까? 즉 항암 치료와 절제술 일변도의 치료법만으로는 암이라는 질병을 치료할 수 없다는 의미이다. 이런 상황에서 허브를 이용한 아로마테라피 등의 대체치료는 반가운 정보일 수밖에 없다. 극단적으로 암 세포를 공격함으로써 인체의 자가 면역력마저 파괴해버리는 화학치료 대신 인체 치유력을 높여 스스로 몸을 치료하도록 독려하는 이 치료 요법들은 암 치료의 길에 또 하나의 포문을 연 중요한 시도이자, 나날이 그 효과가 입증되고 있다.

아로마테라피는 무엇인가

아로마테라피라고 하면 멀게 느끼는 분들이 많다. 하지만 아마 많은 이들이 어렸을 때 코밑에 안티푸라민을 발라본 적이 있을 것이다. 이것도 일종의 아로마테라피이다.

감기에 쓰이는 허브 오일로는 유칼립투스와 페퍼민트가 있는데 이 두 성분은 열을 내려주고 청량감을 북돋아주어 우리 몸이 감기를 이길 수 있도록 도와준다고 알려져 있다.

놀라운 것은 비단 감기처럼 가벼운 질병뿐만 아니라 가장 중한 병이라고도 할 수 있는 암에서도 아로마테라피가 이용되고 있다는 것이다.

1998년 일본의 국립 암 센터는 건물 내부에 자작나무향기를 내는 시설물을 설치했다. 이는 암 환자들이 자연 속에서 휴식을 취한 것처럼 느껴 스트레스를 해소하도록 돕기위한 것이었다. 이 또한 일종의 아로마테라피로서, 현재 아로마테라피는 다양한 질병에 중요한 보조요법으로 이용되고 있을뿐더러 일상적인 스트레스를 해소하는 데도 유용하다는 점이 증명되면서 많은 이들이 이용하고 있다.

향기로 스트레스를 극복한다

아로마테라피는 어느 날 불쑥 나타난 치료요법이 아니다. 허브의 역사가 유구한 것과 마찬가지로 아로마테라피 또한 4500년 전 이집트의 클레오파트라 시절부터 전해진 것이다. 우리 식으로 설명하면 식물방향요법인데 허브의 오일을 흡입, 마사지, 입욕 등의 방식으로 이용하는 것이다.

실로 오늘날의 암 치료법은 극도의 스트레스를 불러오고 있다. 또한 죽음을 목전에 두었다는 불안감은 없던 병도 생기게 할 정도이다. 이처럼 스트레스가 극대화되면 아무리 강한 항암 치료를 해도 소용이 없게 마련이다. 거친 밭에 좋은 작물이 나올 수 없듯이 긴장과 스트레스로 가득한 상태에서는 치료 효과를 기대하기 어려운 것이다.

암은 결과적으로 나쁜 식생활 등 외부의 악조건과 더불어 마음이 받은 스트레스가 축적되어 신체 세포의 일부에 돌연변이를 일으킨 결과이다. 따라서 이 병은 마음의 회복과도 긴밀히 연결되며 마음자세를 긍정적으로 돌이키는 것 또한 치료에 반드시 필요한 과정이다.

만병의 근원 스트레스를 없애주는 아로마테라피

스트레스는 몸의 균형을 깨뜨려 질병을 유발하는 가장 큰 원인 중에 하나이다. 결국 질병은 스트레스만 잘 제거해도 일정한 예방과 치료가 가능하다.

다이어트에서도 마찬가지다. 만일 다이어트가 괴롭기만 한 것이라면 아무리 살을 빼도 즐겁지 않을 것이고, 그 결과 다이어트가 끝나는 순간 다시금 요요현상에 부딪치게 된다. 이럴 때 아로마테라피는 질병 치료와 다이어트를 가장 긍정적으로 시행할 수 있는 심리적 힘을 길러주는 든든한 지원군이 될 수 있다.

후각세포를 통해 생명의 에너지를 전달한다

아로마테라피는 기본적으로 후각세포를 자극해 신체를 이완하고 마음의 평정을 되찾음으로써 인체 면역력을 높여주는 요법이다.

한 사람의 후각세포는 약 200만 개 정도이다. 그런데 미각보다 1만 배 이상 민감하다고 알려진 이 후각세포에는 놀라운 기능이 있다. 코 속에 흡입된 방향 분자 구조를 급속도로 식별해 이를 하나의 전기 신호로 인식해 뇌에 전달하는 것이다. 즉 후각세포는 일종의 암호 해독기와 비슷해서 다양한 향기를 분석해 대뇌에 전달함으로써 쾌적함과 불쾌함을 일으키고 그와 관련된 기억을 떠올리게 한다.

이 같은 원리로서 아로마테라피는 다양하고 풍부한 향기를 통해 상쾌함을 전달하고 환자들의 심신 안정에 기여함으로써 통증과 스트레스에서 벗어나게 해주는 치유 효과를 발휘하게 할 수 있다.

2) 전신 건강을 되찾아주는 아유르베다

아유르베다는 '생명의 과학'이라고 불리는 요법으로서, 약 5천 년 전부터 인도에서 전해 내려오는 자연의학의 일종이다. 아유르베다의 특징은 인체에 대한 기계론적 관점을 탈피해 광범위한 허브와 향유, 자연 치료제와 마사지, 명상 등을 바탕으로 인체의 균형을 되찾아주는 데 주안점을 두고 있다.

특히 아유르베다에서는 허브의 활용을 폭넓게 적용하고 있는데 이는 허브에 포함된 풍부한 약리 성분과 자연적인 치유 능력을 높이 보기 때문이다.

특히 병을 치유하는 물질과 인간의 몸은 모두 우주의 산물인 만큼 그 구성 성분이 비슷하다고 생각하는 아유르베다의 기초 이론에 의하며 허브들은 그 성질과 속성에 따라 인체에 영양을 주고 불균형한 상태를 바로잡는 데 도움을 준다고 한다.

이 때문에 아유르베다에서는 허브를 형태나 성질로 구분해 적절하게 섭취하도록 하는 치료를 시행하는 동시에 달여서 낸 즙, 술에 담가서 만든 허브 와인, 갈아서 만든 가루약과 알약 등의 다양한 조제를 통해 보다 섭취하기 쉽도록 이용하고 있다.

예를 들어 그 효능이 강한 발라타카나 바곳 같은 허브, 단기적 효능을 가지거나 잠재적인 효능을 가진 북아메리카 참나무 껍질 같은 허브들, 식용으로 이용할 수 있는 순한 효능의 허브인 감초 등을 적절하게 혼합하여 장·중·단기에 따라 활용할 수 있다.

허브의 중요한 다섯 원소

인도철학은 이 세상이 다섯 가지 중요한 물질로 이루어져 있다고 인식한다. 그대로 열거하면 흙, 물, 불, 공기, 에테르이다. 나아가 아유르베다는 허브에도 우주의 인간의 구성 물질이 그대로 포함되어 있다고 믿는다. 즉 허브도 이 다섯 가지 중요 특성이 겸비되어 있어서 인간의 몸에 치유 작용을 한다고 판단하는 것이다.

따라서 허브를 구별할 때도 이 다섯 성질을 통해 분류하는데 그 분류 형식은 다음과 같다.

- 흙 - 허브의 향기 측면, 단맛과 떫은 맛, 단단하고 밀도가 높음. 반죽하거나 가루 형태로 만들기 쉬움
- 물 - 모든 맛을 포함하지만 그중에서도 단맛, 수분 함량이 많음
- 불 - 허브의 형태, 알싸한 맛, 시고 짠 맛, 부서지기 쉽고 향이 강함
- 공기 - 외형의 감촉, 떫고 쓴 맛, 얇고 단단함, 결이 거침
- 에테르 - 투과성, 아무 맛도 안 남, 압착과 분해가 쉬움

허브의 작용

아유르베다는 허브를 치료 작용에 따라 50가지로 분류한
다. 즉 비슷한 성질들의 허브들을 모아 한 군집을 만들고
각각의 군집이 그 특유의 치료 효과를 가진다고 본 것이다.
그중에 실생활에 적용할 수 있는 효능들만 뽑아서 살펴보
기로 하자.

기 능	허브 종류	상세 효능
활력제	참깨와 감초	생명의 약동을 높여주고 수명 연장에 도움이 됨
소화자극제	검은 후추, 계피, 마른 생강	소화 촉진과 위장 불편감 제거
피부색 개선제	백단향, 연근, 심황	피부를 맑게 하고 윤기를 줌
피로 회복	석류 주스, 건포도, 사탕수수	몸 안의 열을 제거해주고 피로를 회복해줌
복통 경감	생강, 긴 후추, 회향풀	근육을 부드럽게 해주고 진통,진정 효과가 있음
생식력 증진	하리타키, 아말라키	불임을 치료하고 생식기 장애를 해소함
지혈제	감초 꿀, 짚신 나물	피 흐름을 멈춰줌
통증 진정제	월계수 열매, 쥐오줌풀	신경통을 가라앉혀 줌
이뇨제	고수풀, 레몬풀	소변의 흐름을 증진시켜줌
강장제	인삼	몸의 원기를 북돋아주고 강인함을 줌

3) 몸에 좋은 허브를 일상적으로 섭취하라

웰빙과 웰라이프 열풍이 거세지면서 이제 대부분의 사람들은 올바른 식습관과 영양 섭취가 건강에 큰 영향을 미친다는 것을 알게 되었다.

하지만 이처럼 '아는 바를 몸소 실천'하는 데 한 가지 한계가 존재한다. 첫째는 아무리 좋은 식품을 섭취해도 화학 농법 등으로 그 식품의 영양 가치가 현저히 하락했다는 것이고, 둘째는 대부분이 편향되고 잘못된 식습관으로 규칙적이고 균형 잡힌 식단을 섭취하기가 힘들어졌다는 것이다.

셋째는 급속도로 진행되는 사회 변화 속에서 무언가에 쫓기지 않으면 이상할 정도로 바쁜 생활 속에서 외식이나 인스턴트 등 고열량, 저영양 식품을 자주 섭취하게 되었다는 점이다.

부족한 영양소를 적극적으로 섭취하라

영양불균형과 영양실조는 우리 몸을 구성하는 기본적 토대를 무너뜨리고 질병 면역력을 감소시키는 무서운 질환

원인이다.

따라서 아무리 바쁘더라도 건강에 이로운 식품을 균형
있게 섭취하려는 의식적인 노력이 반드시 필요하다.

하지만 대부분은 그 필요성을 짐작하면서도 일상 속에서
실천하기는 어려워한다. 그보다 바쁜 일들이 얼마든지 있
다고 생각해서이다. 하지만 적극적인 영양 섭취는 그 무엇
보다 중요한 인생의 투자이다. 아무리 열심히 일하고 높은
연봉을 받아도 건강을 잃는다면 그 모든 성공이 사상누각
이 되기 때문이다.

실로 세계적으로 성공한 적지 않은 이들이 자신의 건강
관리에 소홀하지 않고, 적절한 운동을 하고, 균형 잡힌 식
단에 신경 쓰는 등 장수의 조건을 골고루 갖추려고 노력했
다는 점은 중요한 의미를 시사한다. 그렇다면 바쁜 생활 속
에서 영양불균형을 해소할 길은 진정 없는 것일까?

다양한 건강기능식품을 활용하라

허브 등의 식물은 동결건조가 가능하다. 본연의 영양 가
치를 훼손하지 않고도 쉽게 섭취할 수 있는 형태로 가공할
수 있다는 의미이다. 물론 생잎을 그냥 먹는 것보다는 부족

할 수 있지만 가공의 과정에 반드시 필요한 여타 영양소들을 함께 제조함으로써 오히려 허브 자체의 영양소 이상의 영양 가치를 획득할 수 있다는 것도 장점이다.

이 같은 분말, 액상, 차 등등 건강기능식품들은 다양한 형태로 나오는데, 이중에 자신의 생활 패턴에 적합한 타입을 골라 꾸준히 섭취하는 것이 중요하다.

 건강기능식품으로 섭취할 때 유의점

건강기능식품은 중요한 영양 공급소이자 질병이 있는 이들에게는 중요한 영양 보조제가 될 수 있다. 하지만 좋은 건강기능식품도 어떻게 섭취하는가에 따라 그 효능이 달라질 수 있는데 다음의 3가지는 꼭 기억하도록 하자.

첫째, 건강기능식품을 섭취할 때는 절대적으로 가공식품을 피하고 제조인증서가 있는 회사의 제품을 섭취해야 한다.

둘째, 섭취한 내용물이 체내에 신속하게 흡수될 수 있도록 위와 대장의 상태를 최적으로 만들어놓을 필요가 있다.

셋째, 필요한 기능식품을 섭취하고자 하는데 과민성이나 알레르기가 있을 경우 전문가의 도움을 받아야 한다.

허브 제품으로 생기를 되찾자

허브는 독성이 거의 없는 자연식으로서 다양한 형태로 활용해 섭취할 수 있다는 장점이 있다. 나아가 향과 약리성분이 고스란히 보존된 허브 건강기능식품은 바쁜 현대인들이 자칫 소홀해질 수 있는 미량 영양소의 섭취와 더불어 일종의 아로마테라피의 효능을 느낄 수 있다.

또 하나, 중요한 것은 건강기능식품을 선택하는 기준이다. 단순히 건강기능식품을 섭취만 하는 것으로는 충분하지 않다.

웰빙 바람이 불면서 많은 종류의 건강기능식품이 범람하고 있지만, 대강 만들어진 값싼 보조식품들의 경우 유효 성분이 적거나 거의 없을 때도 있다. 또한 영양 성분들이 가진 상호보완적 요소들을 고려하는 것도 중요하다. 대부분의 영양 성분은 사실상 한 가지 성분만 섭취해서는 그 효능을 보기 어렵다. 한 예로 비타민은 효소와 만날 때 그 효능이 극대화되며 칼슘은 미네랄이 없이는 흡수가 힘들다.

따라서 최상의 건강 상태를 유지하기 위해 건강기능식품을 섭취하기로 결심했다면 여러 가지를 제대로 따져본 뒤 자신에게 맞는 품질의 제품을 엄선해 섭취할 필요가 있다.

4장 허브, 내 몸을 살린다

1) 항 노화에 탁월한 허브들

최근 노화는 장수와 생명에 대한 가장 중요한 화두로 각광 받고 있다. 인체에 질병이 발생하는 가장 큰 원인 중에 하나는 세월 속에서 진행되는 노화이기 때문이다. 동맥경화, 고혈압, 시력 저하, 성기능 저하, 암 등도 엄밀히 말하면 노화로부터 오는 질병이며, 나이가 들면서 시력이 저하되고 혈액순환이 힘들어지는 등 다양한 증상이 나타나는 것도 노화 때문이다.

즉 장수의 가장 훌륭한 비결은 인체 노화를 방지하는 것이며, 다양한 허브를 이용해 노화 방지를 도모할 수 있다.

오레가노

오레가노는 생잎이나 건조한 잎이나 거의 비슷한 영양 가치를 가지고 있다. 반 스푼의 건조 오레가노는 반 컵의 고구마에서 얻는 항산화 물질과 동일한 양의 항산화 물질을 포함하고 있어서 체내에서 다양한 항산화 활동을 한다.

로즈마리

로즈마리는 아름다운 피부를 만들어주는 대표적인 허브로 알려져 있는데 이 또한 항산화 물질의 성분이다. 로즈마리에 포함된 항산화 물질은 피부의 탄력과 노화방지에 영향을 미치며, 이외에도 각종 통증을 완화시켜준다.

녹차

녹차의 폴리페놀은 일종의 엽록소로서 항산화 성분이 풍부하게 포함되어 있는 식물 영양소이다. 녹차의 항산화 능력은 비타민 C의 80배, 비타민 E의 10배로 알려져 있다. 이 폴리페놀은 손상된 세포를 복원하고 독성 물질을 해독하며, 동맥경화를 억제한다.

구기자

구기자는 무려 2000여 년 전부터 약재로 사용되어온 허

브로서 베타카로틴, 비타민 C, 아미노산, 미네랄, 바이오 후
라보노이드 등이 다량 함유되어 있어서 활성산소로 손상된
세포를 재생시킨다. 또한 면역력 증강에 효과적인 폴리사
카이드도 다량 함유되어 있다. 열매를 달여 먹거나 술에 담
가 섭취하면 좋다.

계피

미국의 한 실험에 의하면 계피를 매일 섭취할 경우 항산
화 방어기전을 촉진하고 유해한 산화 작용으로부터 세포를
보호해주어 산화 스트레스를 감소시킨다고 한다. 나아가
계피는 혈당 수치를 조절해주어 인슐린 감수성을 개선하는
데도 효과적이라고 알려져 있다.

2) 심혈관 질환에 탁월한 허브들

고혈압, 동맥경화, 협심증 등은 암과 더불어 현대인들의
사망률 1, 2위를 다투는 질병으로서 일단 발병하면 치명적
일 수 있는 질병이다. 이 같은 심혈관 질환이 발생하는 근

본 원인은 잘못된 식습관과 운동 부족으로 인한 산화 스트레스로 알려져 있다. 이때 허브에 포함된 다양한 약리 성분들이 심혈관 질환을 예방하는 데 도움을 줄 수 있다.

파슬리

파슬리는 간 기능에도 도움이 될 뿐만 아니라 이뇨제의 역할도 함으로써 이뇨 작용이 필요한 혈압 치료에 도움을 준다.

라벤더

보라색 꽃이 피는 라벤더는 심신 안정 효과로 유명하지만 동시에 혈압을 낮춰주고 심장을 진정시키는 효능 또한 있어서 대표적인 고혈압 치료용 허브로 손꼽힌다. 차나 분말 등의 형태도 좋지만 라벤더를 채운 베개를 사용하는 것도 효과적이다.

마조람

오일 형태로 사용하기도 하는데 향이 부드러운 스위트 마조람과 강한 향을 풍기는 스페니시 마조람이 있다. 일반적으로는 스위트 마조람이 많이 사용된다. 마조람은 몸을 따뜻하게 데워주어 혈관을 부드럽게 하고 소화기와 근육을 건강하게 해주는 효과가 있어서 예로부터 스트레스로 인한 고혈압 환자에게 많이 이용되어왔다.

레몬 유칼립투스

레몬과 유칼립투스는 모두 고혈압 치료에 이용되어왔던 허브로서, 레몬 유칼립투스는 이 두 가지 향기가 섞여 있는 허브로서 앞의 두 허브보다 부드러운 느낌을 주어서 사용이 용이하다.

마늘

마늘은 대표적인 허브로서 주요 성분인 알리신과 수콜지닌 등이 심장과 순환 기계의 건강을 지켜준다. 또한 이 두 성분은 콜레스테롤과 중성 지방의 수치를 낮춰주어 혈관에 찌꺼기가 끼는 것을 방지해준다.

3) 다이어트와 아로마테라피에 탁월한 허브

다이어트를 위해서는 무엇보다도 적절한 영양 공급과 노폐물의 해독에 신경써야 한다. 다이어트 자체가 몸의 순환을 바로잡아 불필요한 독소를 배설하는 과정이기 때문이다. 또한 의식적인 식사 절제라는 난관이 가로막고 있는 만큼 스트레스 해소에도 신경을 써야 한다.

펜넬

체중 감량과 이뇨 작용에 뛰어난 효과를 보이는 허브이다. 체할 때 섭취해도 효과가 좋고 위장의 소화 촉진을 도와준다.

민트

소화를 촉진시켜 다이어트에 도움이 된다. 특히 식사 후의 소화불량과 위통에 좋으며, 체내에서 칼로리가 소비되는 것을 도와주고 장의 운동을 활발하게 해준다.

바나바잎

수세기에 걸쳐 필리핀 등지에서 전통차로 음용되어온 천연허브이다. 혈당조절 작용이 뛰어나고 식욕조절과 포만감을 높여주는 도움을 준다.

홍화

"잇꽃"이라고도 한다. 열매에 들어있는 성분은 리놀산(linoiic acid)이 많이 들어있어 콜레스테롤 과다에 의한 동맥경화 예방에 효과가 좋고 체지방 분해 효과에도 도움을 준다

레몬버베나

잎에서 레몬 향기가 나는 레몬버베나는 몸을 따뜻하게 해주고 소화 촉진과 진정 작용, 이뇨 작용을 함으로써 다이어트 시 스트레스를 막아주고 노폐물 배출에 도움을 준다.

히비스커스

변비에 좋은 대표적인 허브로서 비타민과 칼륨이 많아 이뇨 작용을 도와줌으로써 변비를 개선한다. 숙취 해소에도 좋다고 알려져 있다.

그 외 허브는 다이어트와 아로마테라피의 두 가지 기능을 한다.

첫 째, 향기를 통해 식욕 조절과 정서적 안정을 도와준다. 좋은 향기를 맡으면 초조한 기분도 사라지고 신진대사를 원활하게 하면서 체내의 독성 물질을 제거해 주어 잠을 푹 잘 수 있고, 그 결과 아침에 일찍 일어나고 자연히 변비도 사라지며 신진대사 기능이 향상되어 폭식이나 거식증도 사라져 자연스럽게 효과를 볼 수 있다.

둘 째, 체지방을 분해하는 성분이 포함된 아로마오일을 이용하여 마사지하는 방법으로 유효성분의 침투를 돕고 셀룰라이트와 지방층이 분해되기 쉽도록 해주며 혈액 순환을 촉진시켜준다. 또한 체지방 분해를 통한 비만 치유는 물론 림프샘 등의 순환계통과 소화기계통의 불균형을 치유하여 몸과 마음의 균형을 잡아주는 근본적인 비만 개선법으로 활용되고 있다.

비만유형 구분	허브의 종류	기능과 작용
군살이 많은 지방형	쥬니퍼	셀룰라이트 분해, 노폐물 배출 작용, 신경안정
	제라늄	림프순환촉진, 셀룰라이트 분해, 이뇨작용, 신경안정
	싸이프러스	셀룰라이트 분해
	그레이프 후르츠	이뇨작용, 담즙의 분비를 자극하여 지방의 소화분해 촉진, 신장과 혈관계를 정화
	라벤더	뭉친 지방 분해, 신경안정
	레몬	피로회복, 혈액순환 촉진, 셀룰라이트 분해
퉁퉁 잘 붓는 유형	로즈마리	소화촉진, 림프순환촉진, 활력, 이뇨작용
	싸이프러스	부종, 셀룰라이트 분해, 신경안정작용, 발한작용
스트레스로 먹는 폭식형	파츄리	식욕억제, 이뇨작용
	휀넬	이뇨효과, 해독작용
잘 안 빠지는 근육형	로즈마리	림프순환촉진, 활력, 이뇨작용, 진정 및 해독작용
	마조람	강장작용, 진정작용, 소화에 도움
	라벤더	뭉친 지방 분해, 신경안정
하복부 비만형	휀넬	이뇨효과, 해독작용, 위통이나 소화불량, 변비치료
	마조람	진정 작용
	라벤더	뭉친 지방 분해, 신경안정

4) 암 예방과 치료에 탁월한 허브들

암은 일단 걸리면 사망률이 아주 높은 질병으로서 우리나라 국민 중 3명 중 1명 꼴로 암으로 사망한다. 암은 노화와 잘못된 식습관, 스트레스 등 다양한 원인으로 발생한다.

모든 질병이 그렇겠지만 치료보다는 예방인 질병으로서 평소 항암효과가 강한 허브를 섭취하면 암 발생률을 낮출 수 있다. 실로 허브의 강하고 독특한 향 중의 일부가 항암 작용을 하는 것으로 알려져 있다.

오레가노

꽃박하라고도 불리는 오레가노는 터핀과 페놀이라는 방향 성분을 포함하고 있는데, 이 성분이 항암 작용을 한다. 특히 허브의 항암 작용은 기름과 조리할 때 그 효과가 높아지는데 오레가노 역시 올리브유 등과 함께 조리하면 더 효율적으로 흡수된다.

파슬리

파슬리에는 프살리다, 투머리느 터페오이드, 홀리 아세틸렌, 파이토 케미컬 등의 암 예방 효과를 가진 성분이 다량 함유되어 있다.

로즈마리와 세이지

민트 과의 허브로서 민트의 구성 성분인 터페노이드는 물론이거니와 어슐린 산과 디터페노이드 등의 성분 등이 암 세포의 성장을 막아준다.

인삼

인삼의 사포닌 성분은 강력한 항암 제재로서 이미 세계적으로 인정받은 바 있다. 사포닌 분자 1개에는 진세노사이드라는 성분이 들어 있는데, 이 진세노사이드는 암 증식을 억제하고 암 전이를 효과적으로 막아준다. 국내 인삼뿐만 아니라 북 아메리카 동부에 자생하는 아메리카 인삼도 항암에 효과가 있다고 알려져 있다.

영지

둥근 버섯 모양의 영지는 풍부한 영양 성분이 함유되어 있고 그중에서 베타 글루칸과 토리텔펜이라는 성분이 면역력 강화에 지대한 영향을 미친다. 암 환자의 경우 항암요법 등으로 면역력이 극도로 떨어지는데 이때 영지를 섭취하면 무너진 면역력을 보충할 수 있다.

타임

식물 형태의 타임에서 기름을 짜낸 뒤 건조시키면 타이몰이라는 성분의 분말 형태 추출물을 얻을 수 있는데, 이 타이몰은 강력한 항암 작용을 하는 것으로 알려져 있다.

5) 기타 질병

○ 스트레스

세인트존스

신경을 안정시키고 우울증을 치료해준다는 대표적인 허브로서 불안과 초조 상태로부터 심신이 자유로울 수 있도록 도와준다. 실제로 우울증 임상 치료에서도 사용되고 있는 허브이다.

위자이나

인도에서 나는 인삼으로서 인도의 전통의학인 아유르베다에도 이용된다.

아유르베다는 마음을 고치는 의학으로서 위자이나는 신

체 강장 효과와 스트레스 감소 효과를 보인다.

○ 생리통

블랙코쉬

북아메리카 원주민들이 류마티스를 치료하기 위해 사용한 약초 허브로서 월경을 도와주고 염증과 진통을 완화해준다.

라벤더

불안과 통증을 이완해주는 라벤더는 차나 오일의 형태로 사용할 수 있다. 월경 시 동반되는 불쾌감을 낮춰주고 깊은 숙면을 유도해 통증을 완화해준다.

○ 천식

동충하초

스테미너 증강과 심폐기능의 활력을 도와주는 동충하초는 천식 발작으로 무너진 몸의 균형을 잡아주고 우리 몸 안의 항산화 효소가 활발히 활동할 수 있도록 돕는다.

○ 치매

은행잎

은행의 이파리에 포함된 긴코라이드는 현재 유럽에서 노인성 치매를 치료하는 데 쓰이고 있다. 은행잎의 엑기스에는 호르몬 촉진 작용을 하는 성분이 많아서 치매에 효과적인 여성 호르몬 분비에 도움을 준다.

○ 저혈압

알로에베라

위궤양과 상처 치료에도 사용되는 알로에는 혈압을 정상으로 복구하는 능력이 뛰어나다. 특히 잎의 육질에 포함된 다당류와 당 단백질이 말초혈관을 확장시켜서 혈액의 흐름이 원활할 수 있도록 도와준다.

로즈마리

뇌를 활성화시켜 기억력을 촉진시켜주는 로즈마리는 특유의 강한 향 속에 혈압을 안정시켜주는 약리효과가 숨겨져 있다. 차 형태로 마시거나 요리 시 넣어 먹으면 된다.

5장

허브로 건강을 찾은 사람들

아침마다 다시 산다는 기분으로 깨어납니다

성별 : 여

나이 : 47세

질환 : 당뇨, 무기력증

평생을 건강하다고 자부하면서 살아온 주부입니다. 남편
과 아이들 모두 큰 탈 없이 지내주었고, 저 역시 큰 어려움
없이 생활해온 터라 몸 아픈 불편이 뭔지 모르고 지냈습니
다. 한 가지 걱정되는 점이 있었다면 평소 미식을 하는 터
라 체중이 평균보다 많이 나간다는 점이었지만 그 또한 심
각하게 생각하지 않았습니다.

그러던 5년 전 어느 날, 친정으로부터 급한 전화를 받았
습니다. 그간 몸이 약하셨던 아버지가 쓰러지셨다는 것입

니다. 병명은 뇌종양이었습니다.

저는 집안의 장녀이자 유일한 딸이었기 때문에 아버지의 병 수발을 헌신적으로 해냈습니다. 그간 고생하면서 저희를 키워주신 아버지였기에 외면할 수가 없었고, 고통스러워하시는 모습을 볼 때마다 가슴을 도려내는 기분이었습니다. 그리고 투병 1년 반을 채우지 못하시고 아버지는 결국 돌아가셨습니다. 오랜 병수발로 지친 데다 고생만 하시다 떠난 아버지를 생각하며 한동안 슬픔에서 헤어나지 못했습니다.

그런데 마음이 무너지면 몸이 무너진다던가요. 어느 날부터 속이 더부룩하고 피로가 가시지 않았습니다. 오줌을 누면 거품이 부글부글 끓었습니다. 병원에 가보니 급성 당뇨가 왔다고 하더군요. 스트레스가 당뇨에도 영향을 미친다는 건 알고 있었지만 갑작스러운 일이라 어찌할 바를 모르던 차였습니다. 인슐린 처치를 받는 것도 하루 이틀, 이어서 다양한 합병증이 올 가능성이 높다는 말에 불안감은 더욱 커져갔습니다.

그 와중 우연하게도 아는 지인 분께서 허브 제품을 권해주셨습니다. 정제 형태와 분말 형태라 섭취 방법도 간단하고 속는 셈치고 편하게 먹어보라는 것이었습니다. 거기에다 자신에게 효과가 있었다면서 카모마일과 라벤더로 제조한 허브 차도 권해주었습니다. 처음에는 반신반의하던 마음이었습니다. 허브라고 해봤자 풀의 일종에 불과한데 무슨 소용일까 싶었던 것입니다.

당시에 저는 당뇨 합병증인 혈액순환 장애로 인한 왼발 마비와 시력저하를 겪고 있던 차였습니다. 그런데 맛도 괜찮고 향기도 좋아서 허브 제품을 2주가량 섭취하자 놀라운 경험을 했습니다. 가장 먼저 혈액순환이 어려워 마비가 왔던 왼발이 따끔따끔하면서 피가 돌기 시작했습니다. 이어서 머리도 맑아지고 어지러운 증상도 사라졌습니다.

놀라운 심정에 저는 지인 분께 부탁해 허브 제품을 좀 더 살 수 있겠냐고 물었고, 이제 거의 6개월을 넘게 섭취하고 있는 중입니다. 아직까지 왼발이 완전히 자유로운 것은 아니지만 혈당도 많이 조절되고 몸의 불편감 대다수가 사라진 상황입니다. 아버지에 대한 슬픔도 시간이 지나 아물어 가니 이제야 다시금 새 생활을 시작할 수 있을 것 같은 느낌입니다. 몸뿐만 아니라 마음까지 다독여주는 허브, 지금은 이 허브가 제게 가장 좋은 친구입니다.

아름다워지고 싶은 꿈을 현실로

성별 : 여
나이 : 26세
질환 : 비만

저는 올해 사회초년생이 된 20대 중반의 여성입니다. 대학교 때까지만 해도 저는 날씬한 몸매였습니다. 하지만 졸업 후 연거푸 취업에 실패하면서 받은 스트레스가 폭식으로 이어져 2년 만에 무려 20킬로그램이 증가했습니다.

외모에 자신감이 없어지자 모든 것이 더 힘겹게만 느껴졌습니다. 그 와중에 보다 못하신 어머니가 아는 분을 통해 허브를 권해주셨습니다. 다이어트를 무리하게 하면 더 스트레스가 쌓이니 기분전환부터 하라는 의도였습니다.

그런데 이 허브 제품들은 단순히 기분전환 정도를 위한 것은 아니었습니다. 그간 저는 고열량 식품을 많이 먹어 변비가 있었는데, 허브를 섭취한 뒤부터는 화장실에서 고생하는 일이 없어졌습니다. 뿐만 아니라 어둡고 거칠었던 피부 톤이 밝게 개선되는 것이 느껴질 정도였습니다.

저는 내친 김에 다이어트를 시작하기 위해 헬스클럽에 등록했습니다. 처음에는 하루에 한 끼를 허브로 대신하고 나머지 두 끼만 먹고 틈틈이 운동을 했습니다. 그렇게 무려 한 달 만에 8kg을 감량할 수 있었습니다. 그리고 허브와 함께 해온 지난 8개월, 저는 20대 초반의 몸매를 되찾았습니다. 더 열심히 살라는 하늘의 도움인지 놀랍게도 올해 입사 시험에도 합격할 수 있었습니다.

이렇게 건강한 삶을 살 수 있게 된 것에는 제가 힘들 때 도와주신 가족, 그리고 허브입니다. 살이 찌고 무기력증으로 고생하시는 분들에게 허브로 활력 있는 삶을 되찾으실 것을 권해드립니다.

잠 못 이루던 밤이여, 안녕

성별 : 남
나이 : 37세
질환 : 오십견, 시력저하, 불면증

저는 작은 무역회사에서 부장으로 일하고 있습니다. 이 분야에서 몇 년 안 가 고속 승진을 할 정도로 실력을 인정받는 일에만 몰두하는 사람이었습니다. 그러던 차에 갑자기 제 삶에 브레이크가 걸렸습니다. 밤낮 없이 일에만 집중하며 휴식을 게을리 하다 보니 30대 중반에 이미 생체나이가 40대 후반이라는 진단을 받은 것입니다.

가장 먼저 위협을 느낀 것은 끊어지는 듯한 오십견과 시력저하였습니다. 하지만 조금 쉬면 나으려니 크게 신경 쓰지 않았던 게 실수였습니다. 올해 초 회사의 사활을 거는 중요한 일을 맡으면서 몸 상태는 더 나빠졌습니다. 무엇보다도 몸은 나가떨어질 정도로 피곤한데 잠은 오지 않는 불면증이 시작된 것입니다.

정말로 불면증이 이렇게 무서울 줄은 몰랐습니다. 하얗

게 날이 지새는 걸 보면서 잠시 잠에 빠졌다가 출근을 하다 보면 세상이 노랗게 보일 정도였습니다.

결국 저는 일을 마무리 지은 뒤 두 달간 병가를 냈고 병원에도 가보고 운동도 해보았습니다. 하지만 병원에서 주는 수면제도 소용없이, 약을 끊고 나면 불면증은 여전했습니다. 그 와중 헬스클럽에서 알게 된 한 어머님의 권유로 허브 제품을 반신반의하며 섭취하게 되었습니다. 아침 점심 저녁으로 한 포씩만 먹으면 된다기에 어려운 일이 아니라 생각해 먹게 된 것입니다.

그렇게 3주가 지났을까요. 어느 날 어깨 통증이 더 심해지는 것 같은 기분이 들었습니다. 그런데 놀랍게도 그 통증이 사라지면서 눈꺼풀이 무거워지는 것이 아니겠습니까. 그간 신경이 곤두서서 밤잠을 이루지 못했는데 이렇게 자연스럽게 잠이 온 것은 처음이었습니다.

그날 저는 무려 4개월 만에 깊은 단잠을 잤습니다. 다음 날 일어났을 때 가장 먼저 머리에 든 생각이 "빨리 허브를 먹어야지" 하는 본능적인 생각이었습니다. 저도 모르게 허브가 제게 좋은 영향을 미치고 있음을 알고 있었던 것입니다.

지금 저는 회사에 복직하여 여전히 바쁜 날들을 보내고 있습니다. 물론 예전처럼 건강을 돌보지 않고 일하지 않으려고 노력하면서 여전히 허브를 섭취하고 있습니다. 만족스러운 잠과 건강은 하늘이 내린 소중한 권리입니다.

불면증을 앓고 계신 분, 기초 체력이 떨어지신 분들에게는 마음과 몸의 평화를 선물해주는 허브가 가장 좋은 명약이라는 것을 말씀드리고자 합니다.

고3의 고통을 허브와 함께 이겨냅니다

성별 : 남
나이 : 18세
질환 : 집중력 저하

저는 올해 고 3이 되었습니다. 바쁜 하루하루가 어떻게 지나는지도 모를 정도로 공부에 열중하고 있습니다. 몸과 마음이 잔뜩 긴장하다보니 오히려 초조한 마음만 늘고 집중력은 떨어지는 것 같았습니다. 부모님이 녹용을 달여주셨지만 맛과 냄새가 저에게는 맞지 않아 건성건성 먹다시피 했습니다. 그러다가 누나가 어느 날 물통에 허브가루를 타주었는데 학교에서 그걸 먹으니 졸음이 달아나는 기분이었습니다.

학교에서 돌아와서 누나에게 말하자 누나는 "그거 몸에도 좋고 정신집중에도 좋다"고 말해주었습니다. 이후 대학생인 누나는 이른 아침 나가는 저를 위해 미리 전날 밤 허브 차를 끓여서 통에 넣어두었습니다. 그리고 간간이 우유에 타서 먹으라며 허브 가루도 함께 챙겨주었습니다. 머리

아프고 지루할 때 그렇게 한 모금씩 마신 허브가 그렇게 큰 효과를 낼 것이라고는 생각지 못했습니다. 그런데 허브를 먹고 난 뒤부터는 머리도 맑아지고 몸이 무겁던 것이 사라져 책상 위에서 조는 시간도 줄었습니다.

지금도 저는 항상 허브 차와 허브 제품을 곁에 두고 공부합니다. 이제 제 친구들도 이 비결을 알아서 하나둘씩 허브 마니아가 되어가고 있다는 점이 반갑습니다.

암의 흔적을 지워내고 새 삶을 살아갑니다

성별 : 남

나이 : 44세

질환 : 만성피로, 암 발병 전력

6년 전 저는 이른 나이에 위 절제 수술을 받았습니다. 다름 아닌 암 때문이었습니다. 다행이도 암 전이를 막을 수 있었고 완치 판정을 받았지만, 그 후유증은 고스란히 남았습니다. 수술 후 음식을 제대로 소화시키기 어려웠고, 몸의 체중은 건강할 때보다 11킬로그램이나 덜 나가는 상태로 지내게 된 것입니다

또한 먹고 사는 문제가 있다 보니 계속해서 직장을 다녔지만 직장생활이 수월하지만은 않았습니다. 무엇보다 동료들과 점심을 먹거나 회식을 할 때가 곤욕스럽기만 했습니다.

그 와중 식사를 제대로 하지 못하는 저에게 오랜 친구가 선물로 허브를 건네주었습니다. 자신이 얼마 전부터 먹고 있는데 몸 상태가 달라졌다며, 혹시 필요하면 얼마든지 자

신과 나누어 먹자고 선뜻 이 귀한 것을 내준 것입니다.

친구의 마음씀씀이가 고마워서 한 달치의 허브를 꼼꼼히 챙겨먹기 시작했습니다. 아내도 고마운 마음에 제가 잘 챙겨먹을 수 있도록 여러모로 도움을 주었습니다.

그렇게 1주일이 지났을 때 가장 먼저 속 더부룩함과 쓰림이 사라졌습니다. 저녁을 먹기 힘들 때 간단하게 허브를 먹고 잔 것이 오히려 불편한 속을 편안하게 해준 것입니다.

이후 저는 저녁에는 무조건 허브만 먹기 시작했고, 회식이 있어도 동료들에게 사정을 말하고 저녁 시간에 집으로 돌아왔습니다. 그렇게 한 달이 흘렀을 무렵 자식 집을 찾아오신 어머니가 놀라서 눈을 둥그렇게 뜨셨습니다. 얼굴이 놀라울 정도로 좋아졌다는 것입니다.

이후 저는 고마운 마음에 친구에게 저녁을 한 끼 사면서 우리끼리의 허브 사랑을 외쳤습니다. 들어보니 비만과 고지혈증 때문에 고생했던 친구도 허브 덕분에 많이 건강해졌다고 합니다.

사실 이미 잘라낸 위장이 다시 돋아날 수는 없을 것입니다. 하지만 자연의 선물이라 불리는 허브 덕분에 이제 저는 지난날의 고통스러운 흔적을 잊고 좀 더 활기찬, 고통 없는 삶을 살아갈 수 있을 것 같습니다. 용기를 주신 모든 분들께 감사드리는 마음입니다.

허브 덕분에 삶의 용기를 되찾았습니다

성별 : 여

나이 : 66세

질환 : 심각한 관절통증

노년은 제2의 인생이라고도 하지만, 저에게는 사실 꿈같은 이야기였습니다. 자식 6명을 키우느라 일을 많이 해서인지 채 50세도 안 된 나이부터 심한 관절염을 앓았기 때문입니다. 관절염은 관절의 통증만 불러오는 것이 아닙니다. 많이 움직이지 못하다보니 살이 찌는 비만도 함께 오고, 그러다 보니 고혈압이나 당뇨도 함께 왔습니다.

이런저런 병들에 시달린 지도 10년이라는 세월, 그러다가 우연찮게 둘째 딸이 선물로 들고온 것이 허브였습니다. 그간 먹어본 약이 없었기에 처음에는 쌓아두기만 했습니다. 그러다가 다음 달에 들른 딸이 성화를 해서 드디어 허브를 먹게 되었습니다.

그 무렵 저는 고도비만으로 몸을 움직이는 것도 어려울 정도였습니다. 무릎의 통증은 이루 말 할 수 없었습니다.

그런데 허브를 먹고 나니 기분 탓인지 무릎이 덜 아픈 것 같아서 침을 맞으러 동네 한의원까기 걸어갈 수 있을 정도였습니다. 한의원에서도 허브를 먹는다고 하니 괜찮다며 꾸준히 드셔보라고 했습니다.

그렇게 허브를 먹고 나면 왠지 몸이 훈훈해지고 통증이 덜한 것 같다는 느낌을 받은 지 1개월 후, 저는 이제 누구 도움 없이도 한의원까지는 혼자 갈 수 있게 되었습니다. 무릎 통증이 덜하니 더 열심히 침을 맞고, 더 많이 움직이게 되면서 오히려 무릎이 건강해진 것입니다.

이제 저는 허브를 밥처럼 꼭 챙겨먹고 있습니다. 놀러오는 손주들에게도 우유에 타서 한 컵씩 마시도록 합니다. 만일 허브가 없었더라면 제 노년은 더 서글펐을 것입니다. 이런 좋은 제품을 만들어주신 분들에게 깊은 감사의 마음을 표합니다.

6장 허브, 무엇이든 물어보세요

Q : 운동을 시작하려는 중입니다. 운동할 때 허브 제품을 함께 섭취하면 좋다고 하는데 괜찮을까요?

A : 허브 제품은 몸에 좋은 영양소를 그대로 담고 있고 유독성이 없을뿐더러 무엇보다도 몸 안의 노폐물을 배출하는 데 도움을 주는 제품입니다. 따라서 운동 시 물과 함께 자주 섭취하면 몸의 청량감을 북돋아 도와주고 운동이나 다이어트 시 필요한 독소 배출에도 효과적입니다. 섭취량은 자신에게 걸맞은 양을 섭취하면 되고, 식사대용이나 운동 시 틈틈이 섭취하면 좋습니다.

Q : 수험생을 둔 주부입니다. 아이에게 좋은 허브로는 뭐가 있고 어떻게 이용하면 좋을지 궁금해서 질문을 여쭙습니다.

A : 로즈마리와 민트를 추천 드립니다. 로즈마리는 기억력과 집중력 향상에 도움이 되고 민트는 머리를 맑게 하므로 공부하는 학생들에게 적격입니다. 로즈마리는 잎을 따서 차로 드시는 것이 좋습니다. 민트는 따서 문질러 냄새를 맡는다거나 차로 마셔도 좋고 공부하는 책상에 문질러 두면 상쾌한 기분을 느낄 수 있습니다.

Q : 다이어트 중인 직장인입니다. 바쁜 일정 때문에 체중감량이 쉽지 않아 허브 제품을 두 끼 식사 대신 섭취하려고 하는데 어떨지요.

A : 시중에는 다양한 허브 제품이 나와 있습니다. 중요한 것은 이 중에 유효 성분이 많이 함유된 높은 품질의 제품을 고르는 것입니다. 이처럼 잘 고른 허브 제품은 하루에 한 끼 내지 두 끼 정도 식사 대용으로 이용하기에 충분합니다.

여러 미량 영양소와 섬유질이 풍부해 다이어트를 도와줄 뿐더러 자칫 부족해질 수 있는 영양소를 충분히 보완해주기 때문입니다.

처음부터 무리하게 두 끼를 허브 제품으로 섭취하기 보

다는 하루에 한 끼를 2주 정도, 그리고 여기에 익숙해지면 하루에 두 끼를 섭취하는 식으로 섭취량을 늘려나가면 좋습니다.

Q : 임신 4개월에 접어드는 임산부입니다. 요즘 입덧이 심한데 허브가 좋다고 해서 차로 마셔볼까 하는데 어떤 허브를 이용하면 좋을까요?

A : 입덧에 좋은 허브는 청량감과 더불어 안정 효과를 주는 민트, 진저, 라스베리 등이 있습니다. 특히 라스베리는 구역질과 통증을 완화하고, 자궁벽을 탄탄하게 만들어주고 출산 시 자궁수축을 촉진하여 출산에도 도움이 됩니다. 이 때문에 라스베리는 오래전부터 임산부를 위한 허브로 이용되어왔습니다.

Q : 야근을 많이 하는 여자 직장인입니다. 최근 무리를 했는지 피로한 데다 무엇보다도 피부가 많이 거칠어져 걱정입니다. 피부 관리에 도움이 되는 허브가 있는지요.

A : 피부가 거칠어지는 데는 다양한 요인이 있는데 지나친 피로와 불규칙한 생활, 식습관, 나아가 영양 부족과 지나친 냉난방으로도 발생합니다. 특히 사무실에서 오래 일하는 분들의 경우 피부 때문에 고민인 분들이 적지 않습니다. 이때는 적절한 영양공급과 더불어 허브의 피부관리 효과를 기대할 수 있는 허브 제품을 정기적으로 섭취하는 것이 도움이 됩니다. 그것이 어렵다면 피부에 좋다고 알려진 로즈마리와 로즈힙, 쟈스민, 라벤더 등의 허브를 차로 자주 마시면 피부의 수분 보충과 피부 회복에 도움이 됩니다.

과연 내 몸에 허브 도움이 될까?

지금껏 우리는 허브에 대한 다양한 정보들을 살펴보았다. 이제 허브는 현대인들에게 없어서는 안 될 소중한 건강 도우미로 부상하고 있다.

다음의 체크리스트는 허브를 가까이 하면 도움을 받을 수 있는 내 건강 상태를 자가진단하기 위해 만들어진 것이다. 나에 해당되는 문항들을 하나씩 체크해서 숫자로 합산한 뒤 결과를 보도록 하자.

㉮ 평소 몸이 무겁고 나른하다. ☐

㉯ 오래 앉아서 일하는 전문직에 종사한다. ☐

㉰ 평소 술자리가 잦은 편이다. ☐

㉱ 다이어트에 실패한 적이 있다. ☐

㉱ 질병 후유증을 앓고 있다. ☐

㉲ 어깨결림, 오십견, 시력저하 등 노화가 걱정된다. ☐

㉳ 스트레스를 많이 받는다. ☐

㉴ 평소 외식을 많이 한다. ☐

㉵ 집안에 수험생과 노약자가 있다. ☐

㉶ 운동을 시작하려고 한다. ☐

㉷ 불면증이 있거나 잠을 쉽게 이루지 못한다. ☐

㉸ 딱히 질병이 있는 것은 아닌데 건강이 염려된다. ☐

㉹ 잘 긴장하는 편이다. ☐

㉺ 폭식을 하는 경우가 있다. ☐

체크하기

- 4개 이하

평소 건강관리에 관심이 많고 이를 잘 실행해온 당신은 크게 걱정할 이유는 없지만 지금까지의 건강관리만큼 꾸준히 자신에게 신경 써야 한다. 이런 이들에게는 간편한 허브차를 자주 음용하거나 아로마 오일 등을 통한 허브 테라피 정도도 충분한 도움이 된다.

- 5개 이상 ~ 10개 이하

건강이 무너지고 있다는 적신호다. 특히 많은 질병이 무리한 생활과 식습관, 계획적이지 않은 다이어트에서 오는 만큼 건강에 대한 정확한 정보에 신경 쓰면서 식습관과 생활습관을 교정해가되, 리프레쉬와 건강에 도움이 되는 다양한 허브 제품을 가까이 하면 좋다.

- 11개 이상 ~ 14개

생활습관과 식습관을 통째로 바꿔야 한다. 하지만 바쁜 생활 때문에 이것이 어렵다면 허브를 적극적으로 섭취하면서 건강 근력을 기르고 심신의 안정을 도모해야 한다. 특히 시간이 없어서 건강관리에 소홀했다는 것은 변명에 지나지 않는다. 지금 당장 허브에 대한 더 많은 정보를 바탕으로 허브와 함께 자연에 가까운 건강을 되찾아가자.

....

허브로 넘치는 자연의 생명력을 되찾아라

지금까지 우리가 살펴본 내용들은 사실상 허브가 주는 놀라운 생명력의 기적에 대한 첫 걸음에 들어선 것에 불과하다. 허브에는 우리가 아직 밝혀내지 못한 수많은 비밀들이 숨어 있고, 이제 허브가 현대인들의 삶에 필수불가결한 영향력을 미치고 있음을 모두가 인정하고 있다.

특히 허브는 최근에 알려진 영양적 가치와 질병 예방치료 효과가 입증되면서 다양한 질병 치료에 사용되고 있다. 또한 미용과 다이어트에 관심이 많은 최근의 트렌드에 걸맞은 효과적인 보조제제로도 활용된다.

하지만 이 책은 허브를 통해 단순히 질병을 예방하고 다이어트에 도움을 받을 수 있는 수준을 넘어서 허브를 통해 자연에 대한 경외감을 깨닫고 삶의 방식을 바꾸어나가는 것 모두가 허브를 통한 '자연치료'라고 정의하고자 한다.

지금까지 갑갑한 도시 생활에 익숙해져 있었다면 이제 마음을 열고 자연을 받아들이는 통로로서 건강한 허브 이용 습관을 생활 속으로 가져오자. 허브를 디 깊이 알게 되는 순간 여러분의 삶과 건강에도 큰 변화가 일어날 것이다.

이준숙

MEMO

건강이 보이는 건강 지혜를 한권의 책 속에서 찾아보자!

도서구입 및 문의 : 대표전화 0505-627-9784